Conservez cette couv.

Publications des rédacteurs de Notre Histoire.

DE L'ORGANISATION DU TRAVAIL AGRICOLE

(*Agriculture, Banques agricoles*, etc.)

OPINION D'UN CAMPAGNARD

PAR

RENÉ KÉRAMBRUN.

PRIX : 25 CENT.

PARIS
AU BUREAU DE **NOTRE HISTOIRE**,
REVUE HEBDOMADAIRE DES ÉVÉNEMENTS DE LA SEMAINE,
47, rue des Petites-Écuries.

1848

OPINION

D'UN CAMPAGNARD.

Imp. Pilloy frères, Montmartre.

DE L'ORGANISATION

DU

TRAVAIL AGRICOLE,

AGRICULTURE, BANQUES AGRICOLES, etc.

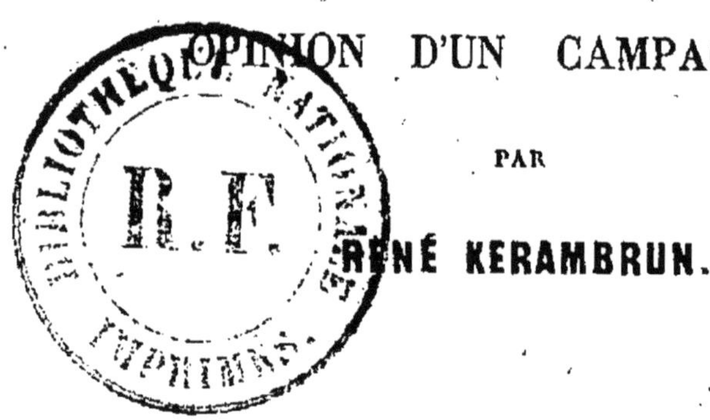

OPINION D'UN CAMPAGNARD,

PAR

RENÉ KERAMBRUN.

PARIS,

AUX BUREAUX DE NOTRE HISTOIRE,

Rue des Petites-Écuries, 47.

1848

OPINION

D'UN CAMPAGNARD.

La révolution politique est accomplie en France : c'est un fait accepté aujourd'hui par tout le monde. Mais cette révolution politique, le seul but que l'on entrevît bien distinctement jusqu'ici, est-elle le dernier terme des progrès de l'humanité ?

Voilà ce que l'on s'est demandé le lendemain même du 24 février, et une question sociale, terrible et complexe, est venue se poser devant tous comme un problème qui restait encore à résoudre.

L'égalité venait d'être proclamée comme une loi générale, comme un droit naturel et absolu, mais, en fait, cette égalité est-elle possible ? Dans quelles conditions est-elle réalisable ? Si l'on ne reconnaît plus la prééminence de la fortune et de la naissance, méconnaîtra-t-on celle du talent et du caractère ? Viendra-t-il un temps où les unités humaines ayant absolument la même valeur, il soit possible de distribuer le bien-être à tous suivant la loi de la plus stricte et de la plus complète égalité ?

Nous ne pouvons pas préjuger de l'avenir, ni savoir tout ce qu'il nous réserve; mais dans le monde moral comme dans le monde physique, tout est successif et graduel. Dans l'œuvre immense du progrès, chaque siècle a sa tâche, et ce n'est pas impunément qu'une génération anticipe sur la tâche dévolue à la génération qui la suit. La mission de notre époque nous semble clairement déterminée: — dans l'ordre des faits, consolider le gouvernement démocratique, le gouvernement de tous pour tous; — dans l'ordre des idées, préparer l'avènement des révolutions sociales vers lesquelles nous sommes fatalement entraînés, mais qui seraient prématurées encore.

En effet, s'il y a quelques logiciens intrépides et impatiens qui crient : — Périsse l'univers plutôt qu'un principe ! et demandent que la question soit vidée sur-le-champ, il en est d'autres aussi, et ce ne sont pas les moins nombreux, qui ne sont nullement disposés à laisser démolir la société telle que nous l'avons aujourd'hui, avec la famille pour base et la propriété pour garantie, afin de lui substituer une société nouvelle qui n'ait été expérimentée encore que sur le papier.

Ils se demandent, avec quelque apparence de raison, si toutes ces synthèses sociales qu'on tente de faire prévaloir ont été suffisamment mûries, si elles reposent sur des principes certains, si, même en admettant ces principes, il n'y a pas eu exagération dans les conséquences qu'on en a tirées.

Lequel choisir d'ailleurs entre ces systèmes qui tous nous montrent en perspective le bonheur universel? Les socialistes en effet sont bien loin de s'entendre entre eux. D'accord sur un seul point : — renverser ce qui existe, ils se font une guerre acharnée sur tous les autres.

Quelque malade qu'elle soit, la société cependant ne peut pas être livrée au hasard de l'empirisme. Il est plus facile de faire des théories que de les mettre à exécution, d'écrire des romans sociaux que de fonder des sociétés réelles. Il est donc à craindre qu'en voulant faire entrer l'humanité dans un de ces lits de Procuste appelés systèmes, il ne se trouvât trop vaste ou trop étroit pour la contenir. L'appréciation inexacte d'une seule de nos passions, d'un seul de nos besoins, d'une seule des conditions de notre existence, ferait échouer, au moment de l'application, le système le mieux combiné en apparence. Et un échec en pareil cas ne compromettrait-il pas les progrès que nous avons déjà faits? ne jeterait-il pas la France et le monde dans des agitations sanglantes... et pour aboutir à quoi? à l'anarchie ou au despotisme, à l'une et l'autre peut-être...

Cependant si une transformation complète est impossible dans le présent, n'y a-t-il pas des modifications urgentes et nécessaires? Le malaise général de la société actuelle ne réclame-t-il pas contre les errements du passé, et suffira-t-il de changer les noms en conservant les choses?

Malheur à notre pays, si ceux qui sont appelés à jeter les fondements des institutions nouvelles pouvaient le penser un seul instant! Malheur surtout si l'on ne répudiait pas ce système économique, qui, reposant sur des données spécieuses, mais incomplètes, nous a entraînés à la remorque de l'Angleterre dans cette carrière industrielle dont nous voyons le terme, aujourd'hui que cent mille ouvriers sans pain et sans travail se trouvent à la charge du trésor public, dans la seule ville de Paris.

Toujours les commotions politique sont suivies de crises industrielles plus ou moins longues, plus ou moins douloureuses; mais celle-ci est trop grave pour n'avoir d'autre cause que la chute d'un trône que tout le monde a vu tomber avec tant d'indifférence. Si l'explosion a été soudaine, le mal était ancien et profond.

Il y avait longtemps en effet qu'il se trouvait des ouvriers sans travail et que le salaire de l'ouvrier était insuffisant pour subvenir à ses besoins et à ceux de sa famille. Toutes ces théories sociales qui s'agitent autour de nous sont la preuve de ce mal immense, contre lequel elles s'évertuaient à chercher un remède.

Le seul moyen que l'on ait tenté jusqu'ici pour adoucir la crise que nous traversons, a été l'organisation du travail. Malheureusement, ce système, tel qu'on l'a essayé, était irréalisable; les faits l'ont suffisamment démontré. Mais dans les termes où il était posé, la réussite eût-elle pleinement répondu à la pensée de son auteur, ce système, faible palliatif dans la circonstance présente, n'offrait aucune garantie pour l'avenir.

En effet, le salaire est sans doute une chose importante, mais cette question n'est pas la seule. Il ne suffit pas de régulariser les rapports qui existent entre le capital et le travail, il faut aussi songer à mettre de l'ordre dans la production elle-même.

Si, après avoir produit assez, vous produisez encore, vous produisez toujours; si, surtout, pour soutenir cette production déréglée, vous enlevez, sous forme d'impôt, l'argent du consommateur, comment vous débarraserez-vous de vos produits?

La cause principale, en effet, de toutes nos calamités, c'est la mauvaise répartition du capital, la mauvaise distribution de la population. L'équilibre n'existe plus entre les industries. Les industries plus brillantes peut-être et plus lucratives de la ville, ont absorbé tout le capital; elles ont attiré une somme de population trop forte, et les campagnes ont été abandonnées.

En effet, si dans les villes un nombre trop considérable d'ouvriers a amené non-seulement la réduction de leurs salaires, mais l'impossibilité de les employer tous, les campagnes manquent de bras pour remuer un sol déjà fertile, pour défricher ces landes improductives qui s'étendent jusqu'aux portes de Paris.

Si dans les villes nous avons une foule d'hommes intelligents et instruits, condamnés, faute d'emploi, à l'inaction et souvent à la misère, les campagnes auraient besoin d'hommes intelligents et instruits pour diriger les travaux agricoles, pour hâter et préparer les découvertes que la Providence nous réserve sans doute, afin de suffire aux besoins d'une population qui tend à s'accroître sans cesse.

Si dans les villes la surabondance des capitaux, si le développement excessif du crédit n'ont produit qu'une concurrence effrénée, qui a dégénéré en guerre civile de l'industrie, les campagnes, faute de capitaux, faute de crédit, n'ont pu ni changer ni améliorer leur sytème de culture, et, par suite, il est arrivé que là où il n'y avait pas assez de bras, il n'y a pas encore eu de travail pour tout le monde.

Je pose donc en fait que la question essentielle aujourd'hui est une meilleure distribution de la population.

L'opérer immédiatement n'est pas possible. Le mal est trop grand, trop profond pour qu'on puisse y remédier sur-le-champ. Il faudra donc supporter quelque temps encore cet immense fardeau de misère que nous ont légué les fautes du passé, et soutenir même, autant que possible, la population manufacturière, la population des villes, dans les conditions actuelles de son existence.

Le mal, d'ailleurs, ne sera que momentané. La population des villes, des grandes villes surtout (et c'est là que le mal est le plus grand) n'est guère féconde. Riche ou pauvre, elle se fond comme une neige, et sans les éléments nouveaux qui y affluent de toutes parts, les villes seraient bientôt dépeuplées.

C'est en fixant, en reportant dans les campagnes la plus grande partie de cette population mobile, qui vient inconsidérément encombrer les villes, que l'on doit éviter à l'avenir les embarras du présent.

Le seul moyen d'arriver à ce résultat, sans violence, sans encourir l'accusation de chercher à établir des castes entre les citoyens, ce serait de placer l'agriculture, sous le rapport du bien-être du travailleur et du bénéfice du capital, dans des conditions au moins aussi favorables que les autres industries. Mais c'est là ce à quoi l'on n'a jamais songé jusqu'ici : constamment l'agriculture a été sacrifiée en tout et partout. On semblait croire que les services rendus par les campagnes ne donnaient aucuns droits; que la paysan, aujourd'hui comme jadis, était la gent taillable, corvéable, et imposable à merci. Que la ville était tout et la campagne rien; que l'industrie était, sinon la source unique de la prospérité du pays, du moins la seule qui méritât quelque protection. Il s'en est suivi que l'agriculture, pressurée, foulée, opprimée, s'est trouvée en France, par rapport aux autres industries, à peu près dans les mêmes conditions que l'Irlande par rapport à l'Angleterre.

Ceux qui ne connaissent les campagnes que par les romans et les feuilletons, ceux qui ne savent de l'agriculture que ce qu'en publient les rapports des parlements et des académies qui se montrent toujours si satisfaits, sont dans une erreur singulière en ce qui concerne les campagnes.

Pour eux, la vie des champs, c'est une idylle charmante, pleine de fêtes et de jeux, parée de rubans et de fleurs; c'est tout au moins une vie calme, assurée, paisible, à l'abri des agitations et des catastrophes. Il n'en est malheureusement rien. Le paysan, pour le plus chétif des salaires, est soumis aux plus rudes des travaux. C'est à ciel découvert, sous la pluie et la grêle, exposé au soleil et au vent, qu'il exécute ses labours, et, pour soutenir ses forces épuisées, il n'a, quoiqu'on en dise, qu'une nourriture d'une qualité inférieure encore à celle de l'ouvrier de la ville. Le travail du laboureur est même aussi peu assuré que celui de l'ouvrier, et ce n'est pas seulement dans les ateliers qu'il y a chômage et morte saison.

Tout le détail de la vie du paysan témoigne de sa misère : regardez plutôt ces maisons mal closes, froides, isolées, qu'il habite; le lit où il couche, tout l'ensemble de cette vie monotone dont le travail est la seule distraction.

Si vous pénétriez dans les secrets de la vie de l'habitant des campagnes, vous seriez effrayé de tout ce qu'il y a de désolation et d'inquiétude à côté de la fatigue et de la misère.

Dressez, au bout de l'année, le bilan du premier petit fermier venu, et vous verrez qu'après avoir fait travailler sa famille, après avoir travaillé lui-même de son corps et de sa pensée, s'être imposé tous les genres de privations, vous verrez, dis-je, que, tout payé: —l'impôt, le propriétaire et les domestiques, — il n'aura pas souvent gagné l'intérêt du capital engagé dans son exploitation.

Le sort du prolétaire des campagnes, du journalier, est encore plus déplorable : dans la majeure partie de la France, suivant les saisons, il gagne, en moyenne, 30 ou 50 centimes par jour quand il est nourri, 75 cent. ou 1 franc quand il ne l'est pas (1).

C'est donc avec 30 ou 50 c. qu'il devra nourrir, vêtir une famille souvent nombreuse, et subvenir à tous ses besoins. Car, à la campagne, il ne faut pas compter sur le produit du travail de la femme ; tout occupée de son ménage et de ses enfants pour lesquels il n'y a ni crêche, ni asile; quand bien même la misère lui en laisserait le courage, elle n'aurait pas le temps pour travailler. Que feraitelle, d'ailleurs ? toutes ces petites industries, qui jadis faisaient vivre doucement une foule de femmes dans les campagnes, sont tuées aujourd'hui ; elles ont été absorbées par les industries des villes.

La condition du propriétaire-cultivateur lui-même se ressent aussi de l'oppression de l'agriculture et du malheur qui l'entoure. Propriétaire à titre souvent très-onéreux,

(1) Ces prix sont établis sur l'évaluation en argent des journées des prestations ; évaluation faite par les gens de la campagne, et par conséquent d'une rigoureuse exactitude.

quelquefois dévoré par l'usure, parce qu'il n'a pas à sa portée un crédit sagement organisé, il faut que sans cesse il supplée par ses aumônes à l'insuffisance du salaire du travailleur; il faut qu'il donne du pain à ces femmes affamées, qu'il couvre la nudité de ces pauvres enfants, qui, mourant de froid, viennent pendant l'hiver grelotter autour de son foyer; il faut qu'il procure au moins une cabane à ces familles sans ressources, qu'il ne peut pas laisser périr de misère en criant à genoux : — miséricorde et pitié! sur le seuil de sa porte.

Par suite de l'appauvrissement des campagnes, la mendicité, aujourd'hui, s'est développée tellement dans certaines provinces, que tous ceux qui possèdent se réfugient dans les villes, non pour y occuper des emplois, mais pour échapper au douloureux spectacle d'une misère si grande qu'ils n'ont plus la possibilité de la soulager.

Dans les villes, il y a aussi bien des misères, bien des souffrances; mais là du moins on a des asiles pour l'enfance, des hôpitaux pour les vieillards, pour les malades, pour tout le monde, pour la prostituée elle-même lorsqu'elle s'est salie dans la boue du ruisseau. Ces hôpitaux sont riches, dotés par l'État, arrentés par les biens non vendus qui appartenaient jadis aux abbayes. Autrefois quelques miettes de ces biens immenses étaient le partage de l'indigent des campagnes; mais les villes ont tout pris et n'ont rien rendu. Le pauvre laboureur, après une vie laborieuse, utile, honnête surtout, lorsque survient la vieillesse ou les maladies, n'a d'autre espoir que dans la charité privée.

C'est affreux, c'est déplorable, répondra-t-on peut-être; mais qu'y faire? il y a là aussi sans doute un peu de la faute des campagnes. L'État a beaucoup à faire, et même trop, et d'ailleurs n'a-t-on pas fait déjà de grands sacrifices pour les campagnes?

Examinons donc les prétendus sacrifices que l'on a faits jusqu'ici pour l'agriculture, pour cette industrie qui occupe en France les 5|8es de la population, qui fournit les 3|4 du contingent de l'armée, et qui, avec des ressources beaucoup moindres que celles des villes, supporte cependant la moitié de l'impôt.

Dans un état qui a un budget de 1600 millions, on donne à l'agriculture, à titre d'encouragements, une somme de 850 mille francs. — bien moins qu'on n'en donne pour subventionner les théâtres de Paris. Et encore cet argent profite-t-il effectivement à l'agriculture? La plus grande partie n'en est-elle pas employée en prix de course pour les chevaux de luxe, à solder peut-être les frais de route des commis-voyageurs des académies?

On a fondé des écoles d'agriculture. — Mais ces écoles sont-elles assez nombreuses et dans les meilleures conditions possibles? La carrière agricole en France offre-t-elle d'ailleurs des avantages suffisants pour que des hommes d'intelligence y trouvent des bénéfices assez grands pour payer les frais de leur éducation et leur assurer un avenir convenable? — Car, avec notre pauvre nature humaine, il est impossible de sortir de là. — Non, évidemment, non.

On a ouvert des chemins vicinaux; mais ces chemins, effectivement si utiles, n'ont-ils pas été faits en dehors du budget, avec les prestations des campagnes, avec les centimes additionnels dont les communes surchargeaient volontairement leurs contributions?

On a creusé des canaux. — Mais ces canaux, qui pouvaient effectivement rendre à l'agriculture les plus grands services en facilitant les moyens de transport, en faisant pénétrer les engrais dans le centre du pays, ne sont-ils pas devenus inutiles pour les campagnes, par suite des péages exorbitants auxquels on y soumettait la navigation?

On a acheté, dans nos campagnes, des chevaux pour remonter la cavalerie. — C'est vrai; mais l'agriculture, en France, est placée dans des conditions telles que le prix auquel on payait ces chevaux ne couvrait pas les frais de leur éducation (1). Alors, au lieu d'élever les prix, on est allé se pourvoir en Allemagne; on a porté à l'étranger un argent qui, donné avec un peu plus de libéralité, aurait répandu quelque prospérité dans nos campagnes.

L'appauvrissement de notre agriculture n'est pas malheureusement le seul inconvénient de cette économie mal entendue. Ne pouvant plus s'en défaire qu'avec perte, on a cessé d'élever des chevaux de selle, et aujourd'hui, s'il survenait une guerre et que l'Allemagne nous fermât ses marchés, nous n'aurions plus de chevaux ni pour remonter notre armée ni pour traîner notre artillerie.

Jamais, en effet, jamais jusqu'ici l'agriculture n'a été protégée pour elle-même. Dans les cas fort rares où on lui accordait autre chose que de vains et pompeux éloges, c'est que l'on avait en vue quelqu'un ou quelqu'autre chose.

(1) Voir la note à la fin.

Aussi, parmi les produits agricoles eux-mêmes, si l'on en favorisait quelques-uns, ce n'étaient ni les plus utiles ni les plus en souffrance, c'étaient ceux qui étaient l'objet immédiat de quelque commerce important.

Ainsi nous avons vu, dans nos lois de douanes, dans nos traités de commerce, les intérêts des producteurs du blé sacrifiés constamment aux intérêts des producteurs des vins ; et, naguère encore dans la question des sucres, peu s'en est fallu que, pour favoriser quelque centaines d'industriels, on n'ait porté un dernier coup à nos colonies, sous prétexte de protéger l'agriculture, qui n'était nullement intéressée dans cette affaire.

Mais cela devait être ainsi sous le régime économique que nous subissions depuis longtemps, et qui avait pour conséquence d'accumuler les richesses dans quelques mains, sans trop s'inquiéter de la majorité de la nation.

Et d'ailleurs, sous le gouvernement qui vient de tomber, qui est-ce qui aurait été le défenseur de l'agriculture et l'écho de ses souffrances ?

Nommez-moi un député, un pair, qui aient représenté effectivement les intérêts de l'agriculture ? Car ceux-ci ne sont pas tout à fait ceux de la grande propriété !

Et nos journaux prétendus agricoles, quels sont donc les intérêts qu'ils défendent dans le cercle étroit de leur public d'industriels et d'agioteurs, de marchands de vin ou de farine? Ce ne sont pas, à coup sûr, ceux du fermier, ceux du travailleur agricole, gens peu curieux de gazettes et ne sachant pas lire pour la plupart. Ils ne sont ni abonnés ni actionnaires, et un journal ne s'occupe guère que de ceux qui le soutiennent, ou du moins de ceux qui le lisent.

L'agriculture n'a pas été mieux représentée dans le conseil des ministres que dans le parlement et dans la presse. Nous avons un ministre spécial pour les travaux publics, un autre pour la marine; mais l'agriculture ne forme qu'un petit département qui rentre dans les attributions du ministre du commerce. Et les intérêts du commerce et de l'agriculture, à qui étaient-ils confiés? — A un banquier, à un commerçant, à un avocat; mais à un agriculteur, jamais!

Il en est résulté que la question d'économie sociale, en ce qui a rapport au bien-être des habitants de la campagne, est une question tout à fait neuve encore.

Ainsi, au moment même où, par suite de l'encombrement des villes, la société tout entière est en péril, les esprits les plus vastes, les plus généreux eux-mêmes, ne peuvent se soustraire à l'influence des idées dominantes. Ils ne voient que la ville et les souffrances de la classe ouvrière; ils ne parlent que de la *vie à bon marché,* sans tenir compte des circonstances dans lesquelles les subsistances sont produites. Est-ce que, par hasard, nous n'aurions pas encore épuisé toutes les illusions du bon marché? Est-ce que l'on songerait encore à ouvrir nos ports au blé de la Russie, nos frontières aux bestiaux de l'Allemagne? Ce seraient là des mesures dont les conséquences sont faciles à prévoir. Ce serait achever d'écraser nos campagnes, incapables de lutter contre des pays dont la fertilité est plus grande et où le maintien du servage et de la main morte, qui permettent au maître de dicter ses conditions, rend la production beaucoup moins coûteuse que dans les pays où la terre est morcelée et le travail libre.

Oh! ce n'est pas le bon marché qui fait vivre : c'est le travail, ou plutôt le salaire du travail. Or, le travail ne peut être assuré pour tous, ne peut être équitablement rétribué que lorsque la population, justement répartie, établira la balance entre la production et la consommation.

Si l'équilibre n'existe plus dans la population, c'est que jusqu'ici les industries des villes ont été trop exclusivement favorisées.

Cet équilibre, vous ne le rétablirez pas en créant dans les villes une oligarchie ouvrière, turbulente et insatiable, plus odieuse encore que l'aristocratie avec toute sa morgue, et le *pays légal* avec son égoïsme cupide.

Vous ne pouvez le rétablir que par le développement et la prospérité de l'agriculture.

Ce n'est pas ici le lieu d'entrer dans l'examen des mesures de détail, différentes suivant les localités, qui peuvent contribuer puissamment aux progrès de cette industrie ; il faudrait pour cela de longs développements que je ne puis point me permettre, et la connaissance exacte des besoins et des intérêts de chaque localité que nul ne peut se vanter de connaître. Nous devons donc nous borner à indiquer sommairement quelques mesures générales.

Parmi celles qui nous semblent le plus propres à favoriser l'agriculture, il en est une dont le gouvernement provisoire a pris l'initiative et qui ne peut manquer d'avoir de bons effets. C'est l'abolition de l'impôt sur le sel, impôt qui pesait non-seulement sur la classe pauvre, mais encore sur la production agricole tout entière.

Il y a aussi un projet de la commission du Luxembourg, qui, s'il était mis à exécution, pourrait rendre les plus importants services à l'agriculture : c'est l'établissement de vastes ateliers agricoles, pouvant servir à la fois de fermes modèles et de noyau d'association entre les travailleurs.

Mais ces établissements coûteraient des sommes énormes; ils seraient même insuffisants.

En effet, quelques grands qu'ils fussent, ces ateliers ne pourraient jamais contenir tous les travailleurs qui manqueraient d'ouvrage; et puis, ils concentreraient la population, et les travaux agricoles demandent une population éparpillée. Même avec le système de la grande culture, une ferme ne peut guère contenir plus de deux cents hectares de terres cultivées, autrement il y aurait des champs trop éloignés du centre de l'exploitation, et, partant, d'une culture dispendieuse. C'est donc par les fermiers actuels qu'il semble plus simple et plus naturel de régénérer les campagnes. Il faudrait pour cela développer la science agricole, bien plus arriérée chez nous que chez la plupart de nos voisins.

Une culture plus intelligente nécessiterait un plus grand concours de bras et permettrait en même temps d'élever les salaires. Mais la science seule ne suffirait pas : aujourd'hui même la science est plus avancée que la pratique. Les paysans voient beaucoup d'innovations urgentes, de méthodes et de cultures nouvelles qu'il serait intéressant d'essayer, mais ils sont arrêtés par le manque de fonds, par la disette de l'argent, ce nerf de toutes les industries.

L'industrie agricole est, en effet, une de celles qui demandent l'emploi d'un plus grand capital.

L'agriculture se trouve placée dans des conditions tout autres que les industries manufacturières. Dans celles-ci, le capital est immédiatement productif ; il rapporte des intérêts tels qu'ils compensent en quelque sorte la perte de ce même capital, probable dans un avenir plus ou moins éloigné. Il en est autrement pour l'agriculture. Là, le capital s'accroît dans une forte progression par l'addition d'un capital nouveau, mais il est lent à produire : l'arbre que vous aurez planté, c'est une autre génération qui en récoltera le fruit ou en fera l'exploitation ; le champ que vous aurez défoncé sera longtemps aussi avant de vous payer l'intérêt de vos dépenses. Il viendra un temps sans doute où il vous dédommagera au sextuple de vos avances, mais il faut pouvoir attendre. Et voilà pourquoi nous voyons souvent les meilleurs agriculteurs se ruiner en essayant de sortir de l'ornière de la routine, moins parce qu'ils se sont trompés, que parce que l'argent leur a manqué trop tôt.

L'agriculture, quelque endettée quelle soit, possède pourtant en terre, en bétail, en culture, un capital immense et plus que suffisant pour servir de garantie à l'argent dont elle aurait besoin.

Ce qui lui manque, c'est le crédit : le crédit existe en France en faveur du commerce et des industries manufacturières, il n'existe pas en faveur de l'agriculture. Encore sous ce rapport la France a été devancée par l'Allemagne, par la Pologne même, par l'Ecosse surtout.

Cependant la création d'une banque agricole destinée à créditer les paysans ne paraît nullement un problème insoluble, même dans les circonstances actuelles.

A notre système hypothécaire, qui repose sur une jurisprudence obscure, qui n'offre pas toujours une garantie suffisante au bailleur, et soumet toujours l'emprunteur à des conditions onéreuses, ne pourrait-on pas substituer un système de banques hypothécaires, dont l'État se réserverait la gestion et la surveillance ?

En échange d'une inscription établie sur des bases analogues à celles des hypothèques actuelles, l'État ne pourrait-il pas livrer des billets ayant cours légal comme l'argent, comme les billets de banque ? Ces billets, dont l'État serait l'endosseur, seraient garantis non-seulement par l'État lui-même, mais encore par la valeur réelle du gage hypothécaire, qui pourrait valoir toujours un tiers ou la moitié plus que les billets auxquels il servirait de nantissement ?

L'État pourrait encore et devrait même exiger de l'emprunteur un intérêt quelconque, 2 1/2 ou 3 p. 0/0 par an, par exemple. Une partie de ces intérêts serait destinée à couvrir les frais de l'administration des banques, le reste pourrait être employé à fournir des instruments de travail aux prolétaires agricoles, ou à fonder des établissements pour les invalides des campagnes.

Certes, la fondation d'une banque semblable mettrait en circulation une grande quantité de billets ; mais qu'importe, si ces billets sont suffisamment garantis? La valeur de l'or elle-même est-elle plus réelle que ne le serait celle d'un billet reposant sur une hypothèque immobilière et déterminée?

Ces billets hypothécaires n'auraient aucune analogie avec les *assignats*. La valeur nominale des *assignats* dépassait de beaucoup la valeur réelle des propriétés qui en étaient le gage. Ces propriétés d'ailleurs étaient le résultat de la confiscation et l'on pouvait en craindre tôt ou tard la restitution. Mais rien de semblable ne serait à redouter dans le cas des billets hypothécaires.

Cependant, il y aurait un grand danger à une extrême extension de cette mobilisation de la propriété foncière. Cette émission de papier-monnaie aurait pour effet infaillible d'élever le prix de la production et par conséquent de placer nos produits dans des conditions plus défavorables encore sur les marchés étrangers. Il faudrait donc par des mesures particulières la restreindre exclusivement aux besoins de l'agriculture.

On nous objectera sans doute que ce système de banque ne tendrait à rien moins qu'à créer un privilége en faveur de l'agriculture. C'est bien là aussi ce que nous demandons. En effet, de quoi s'agit-il?

Nous voulons ramener la population vers l'agriculture, et c'est là un but que l'on ne peut atteindre sans accorder à cette industrie des avantages réels qui puissent compenser la défaveur dont elle a été l'objet jusqu'ici.

Nous voulons encore organiser un crédit pour une industrie qui, jamais, jusqu'ici, n'a joui des avantages du crédit, et qui ne peut en jouir sans la coopération directe de la loi.

Le moyen que nous proposons est d'une exécution facile, immédiate; malheureusement il ne sera, du moins dans les premiers temps, qu'à la portée de ceux qui possèderont déjà de quoi répondre des avances qui leur seront faites. Mais les bénéfices de ces banques, réalisées par l'État, lui permettront plus tard d'en étendre les avantages.

Ceci, d'ailleurs, ne serait qu'un premier pas dans une voie d'améliorations successives. Après que l'on aurait donné une impulsion favorable à l'éducation agricole, après que l'on aurait établi le crédit en faveur du petit propriétaire agricole, il resterait encore infiniment à faire pour améliorer le sort du travailleur lui-même.

C'est là un sujet bien important et sur lequel nous aurons à revenir bientôt.

Et maintenant, si, après tout, l'établissement de ces banques avait quelques inconvénients, n'aurait-il pas des avantages plus grands encore. Il s'agit de sauver l'agriculture d'une ruine imminente, il s'agit de sauver la France par l'agriculture. L'agriculture est, en effet, la seule issue par laquelle vous puissiez écouler le trop plein de la ville ; elle a toujours été, elle sera toujours la principale source de la force, de la richesse et de la prospérité de la France.

Je vous le dis donc, à vous, habitants des villes, qui allez donner à la France une constitution nouvelle ; — car, vous le voyez bien, c'est vous, presque exclusivement, vous, qui composez l'Assemblée nationale — le temps des demi-mesures est passé : il faut aujourd'hui des moyens énergiques pour sauver l'agriculture depuis si longtemps opprimée. C'est à vous de choisir les moyens, mais agissez promptement dans l'intérêt des villes elles-mêmes. Songez que les villes et les campagnes sont sœurs, que toutes les industries de la même patrie sont solidaires les unes des autres, et qu'une industrie ne prospère pas longtemps aux dépens des autres industries.

J'ai dit que c'est vous qui composez l'Assemblée nationale, et je ne prétends pas que ce soit un mal. En effet, les campagnes, jusqu'ici, sont demeurées trop étrangères au mouvement des affaires publiques pour comprendre les grandes questions qui vont être débattues, pour comprendre qu'il est des intérêts généraux auxquels il faut subordonner tous les autres.

Si les ouvriers de Paris ont mis généreusement trois mois de misère au service de la République, comptez les années, les siècles de misère avec lesquels les campagnes ont payé la gloire, les malheurs et la prospérité de la France.

Le travailleur de la ville, vous ne l'oublierez pas, il a ses représentants parmi vous ; et puis il entoure l'enceinte où vous discutez la loi ; il se plaint, et même il menacera au besoin. Les campagnes sont là-bas, bien loin, mais si leur voix n'arrive pas jusqu'à vous, ce n'est pas une raison pour les oublier.

Si elles sont calmes et résignées encore malgré leur misère profonde, c'est que pour elles, le sens de ces mots :—« Rendez à César ce qui est à César » ne veut point dire :— « Soyez soumis à tel ou tel maître, mais : — Respectez les droits acquis et la propriété de chacun. »

Elles n'ont pas oublié la parole du Christ : un jour que cette femme, à qui il a été tant pardonné parce qu'elle avait beaucoup aimé, venait de répandre sur les pieds de Jésus son vase de parfums, il dit, en parlant à ses disciples : — Vous aurez toujours des pauvres parmi vous. — Et, pleins d'espoir dans une vie meilleure, les paysans se sont résignés à être les pauvres sur la terre.

Mais ce n'est pas là une raison pour les traiter en enfants de Caïn ; leur résignation aussi pourrait bien avoir des bornes. Ce n'est pas la foi qui manque à cette Irlande, dont le nom m'est échappé tout à l'heure. L'Irlande est chrétienne, l'Irlande est catholique ; et cependant, ne l'entendez-vous pas qui, à bout de patience, secoue enfin ses haillons et se fait une arme de sa misère ?

Jacques Bonhomme aussi pourrait bien s'armer de sa faux et de son trident, et malheur alors ! — car, de quelque côté que se décide la victoire, la France est perdue.

NOTE.

Voici ce que coûte, en France, d'élever un cheval que l'on vend à la remonte de 450 à 800 francs.

Valeur du poulain.	60 fr
Nourriture pendant la 1re année	120
— 2e —	150
— 3e —	155
— 4e —	160
Part proportionnelle dans l'usage du mobilier de la ferme, loyer et frais de réparation, par an, 15 francs, pour quatre ans.	60
Un garçon de ferme, actif et vigilant, pourra panser et soigner 10 chevaux; mais ce service, s'il est bien fait, absorbera tout son temps. Ce garçon, nourriture comprise, coûtera 300 fr. par an; 30 fr. par an pour chaque cheval. Pendant quatre ans.	120
Total.	825

A déduire la valeur du fumier produit par un cheval, qu'on peut évaluer à 36 fr. par an. . .	144

Il est inutile de porter en déduction le travail des jeunes chevaux qu'on destine à la remonte.

La crainte des accidents qui pourraient compromettre la vente, réduit tellement ce travail qu'il peut à peine balancer les frais de ferrement dont je n'ai point parlé.

Reste donc pour dépense effective. . . . . 681 fr.

Et encore ai-je placé ce cheval dans des conditions tellement avantageuses qu'elles se présentent rarement en France. En effet, nous avons peu de fermes où l'on puisse élever dix poulains, et moins il y en a, plus la dépense est élevée pour chacun.

Notez bien aussi que je n'ai point parlé des frais de vétérinaire, et cependant il est bien rare qu'un cheval atteigne sa quatrième année sans que sa santé se soit trouvée compromise. Les chances de mortalité sont même assez considérables dans ces âges, pour qu'un fermier prudent doive les porter, comme une dépense de 10 p. 0/0, dans la supputation générale de ses frais.

Ces chevaux, que l'on vend 600 ou 800 francs tout au plus, souvent beaucoup moins, coûtent donc effectivement à l'éleveur 749 francs.

Dans un intérêt de statistique, nous allons résumer ici le tableau des frais et dépenses approximatifs d'un hectare de terre de seconde classe pendant un bail de neuf ans. Ce tableau est généralement applicable aux bonnes terres de l'ouest de la France, cultivées suivant l'ancienne méthode et l'assolement encore en usage.

Evaluation en argent de l'hectare de terre au 20 février 1848, 3,000 fr.

Dépense fixe, fermage. . . . . 100 f.
Contributions. 9
Clôture et part proportionnelle dans la réparation des édifices et mobilier. 25

134

Première année, sarrasin dit *blé noir*.

Labour à la charrue deux chevaux et deux hommes pendant deux jours . . . . 9 f.

Deuxième labour à la marre; seize hommes. 12

Fumure	120	
Semaille, deux hommes et deux chevaux	4	25
Semence	12	
Total de la dépense	291	25

Rapport, 2,500 k. de blé noir à 6 f. les 50 k. ci 300 f.

Nota La récolte de sarrasin est très-éventuelle et souvent on ne récolte pas même la valeur de la semence. Je n'ai point parlé de la paille : la paille est toujours censée compenser les frais de la récolte.

Deuxieme année, froment.

Dépense fixe	134 f.	
Labour unique à la bèche et à la charrue.	32	50
Semence (200 k.)	40	
Fumure	120	
Hersage de printemps, deux hommes deux chevaux	3	50
Total de la dépense	330	00

Rapport : 2,000 k. de blé à 20 les 100 k. 400 f.

Nota. La récolte du froment est la plus assurée de toutes.

Troisième année. Avoine.

Dépense fixe	134	
Labour unique à la bêche et à la charrue.	32	50
Hersage du printemps	3	50
Semence, 200 k. à 14 les 100 k.	28	
Semaille, deux hommes	1	50
Total de la dépense	198	50

Rapport : 2,500 k. à 14 les 100 k. 350 f.

Nota. Cette récolte manque assez souvent.

Quatrième année, orge.

Dépense fixe	134	
Trois labours	50	
Forte fumure	180	
Semaille, deux chevaux et trois hommes	4	25
Semence, sept mesures (50 k.), à 7 f.	49	
Graine de trèfle	60	
Dépense totale	487	25

Rapport : 3,000 k. d'orge à 14 f. les 100 k. . 380

Cinquième année, trèfle.

Dépense fixe. 134

Cendres pour amendes 30

Total de la dépense 164

Rapport : première coupe, 6,000 k. de foin à 300 f. les 1,000 k. 180

Deuxième coupe, 400 k. à 300 120

Total 300

Sixième année, pâture qui compense les frais fixes.

Septième année, comme la première.

Huitième année, comme la seconde.

Neuvième année, comme la troisieme.

Récapitulation.

Dépenses générales 2,451 75

Recettes générales. 2,944

Bénéfices du fermier pendant neuf annés favorables 492 25

Revenu de propriétaire. 900

Revenu du bailleur de fonds pour l'achat du sol 1,350

Revenu de l'Etat par la contribution immobilière. 81

www.ingramcontent.com/pod-product-compliance
Ingram Content Group UK Ltd.
Pitfield, Milton Keynes, MK11 3LW, UK
UKHW021937200726
13855UKWH00007B/1440

9 782011 785213